BEI GRIN MACHT SICH IHR WISSEN BEZAHLT

- Wir veröffentlichen Ihre Hausarbeit, Bachelor- und Masterarbeit

- Ihr eigenes eBook und Buch - weltweit in allen wichtigen Shops

- Verdienen Sie an jedem Verkauf

Jetzt bei www.GRIN.com hochladen und kostenlos publizieren

Bibliografische Information der Deutschen Nationalbibliothek:

Die Deutsche Bibliothek verzeichnet diese Publikation in der Deutschen National-
bibliografie; detaillierte bibliografische Daten sind im Internet über http://dnb.d-
nb.de/ abrufbar.

Impressum:

Copyright © 2013 GRIN Verlag
Druck und Bindung: Books on Demand GmbH, Norderstedt Germany
ISBN: 9783668769120

Daniel Albers

Fragenkatalog zur Rohstoffkunde für das Studium der Lebensmitteltechnologie

GRIN Verlag

Fragenkatalog Rohstoffkunde

Studiengang Lebensmittel-
technologie WS 2013
Hochschule Bremerhaven

Daniel Albers

Inhaltsverzeichnis

1 Nährstoffe

1.1 Was sind Kohlenhydrate, wie werden sie unterteilt? Beispiele für jede Kategorie

- Kohlenhydrate entstehen durch die Oxidation mehrwertiger Alkohole, wird ein primärer Alkohol oxidiert entsteht ein Aldehyd, wird ein sekundärer Alkohol oxidiert entsteht ein Keton. Sie werden unterteilt in Monosaccharide (Glucose<Obst, Honig), Disaccharide (Lactose<Milchzucker), Oligosaccharide (Maltose<Malzzucker, Bier), Polysaccharide (Amylose/ Amylopektin<Stärke<Mehl)

1.2 Aus welchen chemischen Elementen sind Kohlenhydrate aufgebaut?

- C-Kohlenstoff, H-Wasserstoff, O-Sauerstoff

1.3 Welche Monosaccharide, welche Disaccharide kennen Sie?

- **Monosaccharide:** Glucose, Galaktose, Fruchtose
- **Disaccharide:** Maltose (Glucose+Glucose), Lactose (Galaktose+Glucose), Saccharose (Glucose +Fructose)

1.4 Was ist Stärke, Amylose, Amylopektin, Glykogen?

- sind Polysaccharide
- **Stärke:** (Pflanzlicher Speicherstoff) sind Verbindungen aus mehreren Einfachzuckern, die sich zu Ketten zusammenschließen und bestehen aus mehr als 100-Saccharideeinheiten
- **Amylose:** Stärke besteht meist aus 20-30% aus Amylose und ist aufgebaut aus 250-350 α 1-4 spiralförmig angeordneten Glucose Verbindungen, kommt z.B. in Stärke, Mehl, Mais, Reis und Kartoffeln vor
- **Amylopektin:** Stärke besteht meist aus 70-80% aus Amylopektin und ist aufgebaut aus 600-6000 α 1-4 und α 1-6 verzweigten Glucose Bindung
- **Glykogen:** ist das wichtigste Speicher- Polysaccharide im tierischen bzw. menschlichen Organismus

1.5 Was ist der Unterschied zwischen Amylose und Cellulose?

- Cellulose kommt in den Pflanzen als Gerüstbausubstanz vor und ist Hauptteil der pflanzlichen Zellwand, ist unverdaulich und dient als Ballaststoff. Amylose ist ein Teil von Stärke, ein Polysaccharid und im Körper abbaubar bzw. verdaulich

1.6 Fette und deren Aufbau, Fettsäuren (SFA, MUFA, PUFA)

- Lipide sind Fette und fettähnliche Stoffe, werden aufgrund ihrer Verschiedenartigkeit und chemischen Zusammensetzungen unterteilt in Einfache- und komplexe Lipide.

- ***zu den Einfachen Lipiden*** zählen die am meisten vorkommenden Neutralfette- die Triglyceride, Glycerin (dreiwertiger Alkohol) ist verestert mit drei Fettsäuren (gesättigt, ungesättigt, gesättigt), zu den Einfachen Lipiden zählen auch die Wachse, diese sind Ester aus langkettige und ungesättigte Fettsäuren

- ***zu den komplexen Lipiden*** zählen Phosphoglyceride, diese enthalten allgemein zwei Fettsäuren eine gesättigte und eine ungesättigte, die dritte Hydroxylgruppe des Glycerins ist mit Phosphorsäure verestert, zudem zählen auch die Glykolipide zu den komplexen Lipiden nur das hier die Hydroxylgruppe mit mehreren Sacchariden verknüpft ist

- ***Fettsäuren*** bestehen aus einer Carboxyl- Gruppe und einer unterschiedlichen langen Kohlenstoffkette mit einem Methylende und sie sind gekennzeichnet durch Kettenlänge, Anzahl der Doppelbindungen, gesättigt oder ungesättigt, cis oder trans, essential oder nicht essential

1.7 Fettsäuren Bezeichnungen: Kettenlänge, gesättigte, ungesättigte

- ***Kettenlänge:*** kurzkettige Fettsäuren haben 4 C-Atome, mittelkettige FS 6-12 C-Atome und langkettige FS 14-24 C-Atome

- ***gesättigt, ungesättigt: gesättigte Fettsäuren (SFA)*** haben keine Doppelbindung (alle C-Atome sind mit H abgesättigt), ***ungesättigte Fettsäuren*** unterteilt man in _einfach ungesättigte Fettsäuren_ ***(MUFA)*** und _mehrfach ungesättigte Fettsäuren_ ***(PUFA)***, wo Doppelbindungen auftreten sind die C-Atome nicht mit H abgesättigt (ungesättigt)

- Zählung erfolgt bei ***Omega vom Methylende*** und bei ***Delta vom Carboxylende***, die ungesättigten Fettsäuren ***Ölsäure (Omega 9)***, ***Linolsäure (Omega 6)*** und die ***Linolensäure (Omega 3)*** zählen zu den essentiellen Fettsäuren

1.8 Wodurch unterscheiden sich cis-und trans-Fettsäuren?

- bei der Konfiguration, wo beide H Atome auf derselben Seite sind, bezeichnet man als ***cis- Form***

- bei der Konfiguration, wo die H- Atome sich gegenüber liegen, bezeichnet man als ***trans- Form***

- die cis- Form ist sehr wichtig bei den ungesättigten Fettsäuren, diese enthalten bis zu drei Doppelbindungen, die alle in der cis Konfiguration vorliegen und deswegen weißen die Moleküle an dieser Stelle einen Knick auf (erschwerte Kristallisation)

1.9 Aus welchen chemischen Elementen sind Fette aufgebaut?

- C-Kohlenstoff, H-Wasserstoff, O-Sauerstoff

1.10 Was sind Aminosäuren, Proteine?

- Aminosäuren sind die Grundelemente von Proteinen und bestehen aus   C-Kohlenstoff, H-Wasserstoff, O-Sauerstoff, N-Stickstoff und S-Schwefel

1.11 Erklären Sie deren Aufbau und Strukturen

- **20 proteinogenen verschiedene Aminosäuren** sind Grundbausteine der Proteine, nichtpoteinogene Aminosäuren sind ca. 250 die nicht in alle Proteine eingebaut werden können
- Aminosäuren enthalten neben **einer Carboxyl- Gruppe**, eine **Aminogruppe**, die unterschiedlichen Aminosäuren unterscheiden sich nur durch ihre **Seitenketten (Rest=R)**, **elektrische Ladung** und **Wasserlöslichkeit** (Unpolar – hydrophob (wasserabweisend) und Polar – hydrophil (wasserliebend))
- **Reste** sind: Alkylrest, Sauerstoff, Schwefel-, Säuregruppe-, Säureamidgruppe-, Aminogruppe-, Heterocyclen-, Phenylring im Rest
- die **natürlich vorkommenden Aminosäuren** gehören zu **den L-α-Aminosäuren** (bekömmlich), während D- Aminosäuren vorwiegend in Bakterien vorkommen
- **Peptide** entstehen, indem die **Aminogruppe** der einen Aminosäure mit der **Carboxylgruppe** einer zweiten Aminosäure (unter Wasserabspaltung) regiert, diese Verknüpfung von Aminosäuren in einer definierten Reihenfolge (Sequenz) nennt man **Peptidbindung**, am unterscheidet nach Zahl der Aminosäurenreste in Oligo- und Polypeptide

1.12 Was versteht man unter Primär-, Sekundär-, Tertiär-und Quartärstruktur von Proteinen?

- **räumliche Anordnung der Proteine- Proteinkonformation**
- **Primärstruktur:** die Aminosäuresequenz (Abfolge der Aminosäuren) der Peptidkette
- **Sekundärstruktur:** räumliche Struktureines lokalen Bereichs im Protein, kommt durch Wasserstoffbrückenverbindungen zustande, periodisch wiederkehrend, räumliche Anordnung der Kette: a. β −Falltblattstruktur (parallel und antiparallel) und b. α- Helix (Schrauben ähnliche Struktur)
- **Tertiärstruktur:** Zusätzlich geschraubte und gedrehte Sekundärstruktur, komplizierter und komplexer gefaltet, nicht periodische Faltung, Berücksichtigung der Seitenketten
- die räumliche Struktur des gesamten Proteinkomplexes mit allen Untereinheiten, mehrere Peptidketten die sich zusammen lagern zu einem Proteinkomplex

1.13 Was versteht man unter Eiweiß?

- Proteine werden auch als Eiweiß bezeichnet und ist eine Verkettung von Aminosäuren zu Peptiden, ab 100 Aminosäuren spricht man von Proteinen

- **chemischen Elemente:** C, H, O, N, S

- **essentielle:** essentielle Aminosäuren sind im menschlichen Körper nicht bzw. nicht in
ausreichenden Mengen synthetisierbar und müssen mit der Nahrung zugeführt werden

- **Semi-essentiell:** semi- essentielle Aminosäuren sind je nach Stoffwechsellage oder Alter
mengenmäßig *nicht in ausreichend synthetisierbar*

- **Nicht-essentielle:** nicht essentielle Aminosäuren *können* von Organismus in *ausreichender Menge* selbst *synthetisiert werden*

- **limitierende:** limitierende Aminosäuren ist diejenige essentielle Aminosäure eines zuge-
führten Proteins, die *im Minimum vorliegt*, sie *wirkt begrenzend* auf die Retentions-
menge der anderen essentiellen Aminosäuren

- **essentielle Aminosäuren sind:** Isoleucin, Leucin, Lysin, Methionin, Phenylalanin,
Threonin, Tryptophan, Valin

2   Biologie Grundlage

2.1   Wie sind Membranen aufgebaut?

- definiert von innen nach außen: Hydrophile Außenschicht (z.B. Extrazellulärer Raum),
Lipophile Trennschicht, Hydrophile Innenseite (z.B. Zellplasma)

- Membranen können einen kristallinen oder (quasi) flüssigen Zustand annehmen, die biologischen Funktionen erfordern den flüssigen Zustand

- (vergleichbar mit Seifenblasen) flexibel, leichtes Verschmelzen und Ablösen von Blasen,
kein Verlust an Dichtheit bei Kontakt mit Objekten oder deren Passage durch die Membranen

- Membranen grenzen Zellen gegen die Umwelt/ Nachbarzellen ab und schaffen abge-
grenzte räume innerhalb der Zelle, sorgen für kontrollierten Stoffaustausch mit der Umgebung

- Membranen ähneln teilweise den Mauern einer Burg, sie grenzen die Burg gegen die
Umwelt ab und bilden Unterbezirke innerhalb der Burg. Der Austausch von Stoffen und
Informationen erfolgt über Tore (kontrolliertes Öffnen/Schließen)

2.2   Wie unterscheiden sich prokaryotische von eukaryotischen Zellen?

- **prokaryotische Zellen:** sehr kleine Zellen, kein Zellkern sondern genet. Information als
ringförmiges DNA-Molekül + Plasmide, In prokaryotischen Zellen (Protocyten) befindet
sich die DNA frei im Zytoplasma, Vermehrung durch Zellteilung, anaerob oder aerob,
Prokaryoten enthalten im Gegensatz zu Eukaryoten keine membranbegrenzten Organellen, wie Plastiden, Chloroplasten und Mitochondrien Ebenso besitzen sie keine Vakuolen
und kein endoplasmatisches Retikulum

- **Eukaryonten Zelle:** besitzen in ihren Zellen (Eucyten) einen „echten", durch eine Doppelmembran vom umgebenden Zytoplasma abgegrenzten *Zellkern*, in dem sich die DNA in Chromosomen organisiert befindet (Plasmalemma), enthalten Organellen (Mitochondrien, ER, Vesikel, Chloroplasten), haupts. aerob

2.3 Wie unterscheiden sich pflanzliche von tierischen Zellen?

- **gemeinsam haben sie:** Plasmamembran, Ribosom, Polysom, Cytoplasma, Mitochondrium, Golgiapparat, endoplasmatisches Reticulum, Kernmembran, Zellkern, Nucleos
- **nur die Pflanzenzelle hat:** *Zellwand*, (Zellwände stehen über Mittelamelle miteinander in Kontakt) *Chloroplast*, Plastiden, *Vakuole*, Zellen verbunden mit Plasmodesmen, keine Lysosomen, *Pore*
- **tierische Zelle:** Zellen verbunden mit Desmosomen, Lysosomen, Zellmembran stehen über Extrazelluläre Matrix in Kontakt

2.4 Was sind die Hauptfunktionen der Mitochondrien, der Zellkerne, des Cytoplasma, des ER (Endoplasmatischen Retikulum), der Chloroplasten?

- **Mitochondrien:** selbstvermehrende Organelle, Kraftwerk der Zelle, der Stoffabbau und der Citratcyclus und Fettabbau, Oxidation organischer Stoffe mit molekularem Sauerstoff findet in den Mitochondrien statt, wobei Energie freigesetzt und in Form von chemischer Energie (als ATP) gespeichert wird- Atmungskette
- **der Zellkern (Nukleus):** der Zellkern bildet die Steuerzentrale der eukaryotischen Zelle, er enthält die chromosomale DNA und somit die Mehrzahl der Gene, Bildungsort der Ribosome, Stoffaustausch mit dem Cytoplasma bzw. Abgabe von Informationen von und zum Cytoplasma
- **Cytoplasma (Cytosol):** Hauptort des zellulären Stoffwechsels und des Verbrauchs an ATP, Proteinsynthese, Proteinabbau (Weiterverwertung), Gluconeogenese- Zuckerneuaufbau, Fettsäuresynthese, Cholesterinsynthese, Glycolyse- Abbau von Glucose
- **Endoplasmatischen Retikulum:** das ER ist ein schnelles Transportsystem für chemische Stoffe, Proteinfaltung, Translation, posttranslationale Modifikation von Proteinen und Proteintransport, Abschnüren Kernmembran, anschließend vom Golgi-Apparat verteilt
- **Golgi-Apparat:** eng verbunden mit ER, hier werden die Proteine modifiziert, sortiert und an den Bestimmungsort transportiert, defekte Proteine werden aussortiert abgebaut
- **Chloroplasten:** Chloroplasten sind Organellen der Zellen von höheren Pflanzen, die Photosynthese betreiben, enthalten Chlorophyll (grüner Farbstoff), Energie von Licht wird eingefangen (absorbiert) und in chemische Energie in Form von Traubenzucker (Glucose) umgewandelt und in Form von Stärke gespeichert

2.5 Welche Organellen haben Speicherfunktionen?

- **die Vakuole:** ist Speicher und Entgiftungsorganelle, Vakuolen sind von Membranen umschlossene Reaktionsräume vorwiegend in Pflanzen, die Vakuolen sind Räume im Cytoplasma, lagern von Stoffen, Duftstoffen, Farbstoffen etc.

- **Amyloplast:** speichert Stärke, ein Fotosynthese-Endprodukt

- **Zellkern:** speichert Erbinformationen

2.6 Welche Bauteile sind allen Zellen gemeinsam?

- Membran, Ribosomen, Cytoplasma

2.7 Beschreiben Sie den Aufbau einer eukaryotischen Zelle und die Funktion der Organellen (abgegrenzten Struktureinheiten)

- **ZELLKERN:** siehe Oben

- **RIBOSOMEN:** Ort der Proteinbiosysnthese (essenziell für jede Zelle)

- **VESIKEL:** je nach Art der in ihnen nachweisbaren Enzyme unterscheidet man verschiedene Typen von Vesikeln: Lysosomen Microbodies Peroxisomen und Glyoxysomen. In exozytotischen Vesikeln werden Stoffe gespeichert die für die Freisetzung aus der Zelle durch Fusion der Vesikel mit der Zellmembran vorgesehen sind

- **RAUHES ENDOPLASMATISCHES RETICULUM (ER):** das raue ER hat zwei Funktionen: die Proteinbiosynthese und die Membranproduktion. Seinen Namen hat es von dem Ribosomen, die auf seinen Membranoberflächen sitzen

- **GOLGI-APPARAT:** dient der Sekretion von Zellprodukten (Proteine, Hormone), Umbau von Proteinen, Bildung der Plasmamembran

- **MIKROTUBULI:** Sie sind mitverantwortlich für die mechanische Stabilisierung der Zelle und ihrer äußeren Form, für aktive Bewegungen der Zelle als Ganzes, sowie für Bewegungen und Transporte innerhalb der Zelle

- **GLATTES ER:** Das glatte ER spielt eine wichtige Rolle in mehreren metabolischen Prozessen. Enzyme des glatten ER sind von Bedeutung für die Synthese von verschiedenen Lipiden (vor allem Phospholipide), Fettsäuren und Steroiden (Hormone). Weiterhin spielt das glatte ER eine wichtige Rolle bei dem Kohlenhydratstoffwechsel, der Entgiftung der Zelle und bei der Einlagerung von Calcium. Dementsprechend findet man in Nebennierenzellen und Leberzellen vorwiegend glatte ER

- **VAKUOLE:** siehe Oben

- **CYTOPLASMA:** enthält viele Farbstoffe wie das Chlorophyll, das in der Photosynthese wirkt

- **LYSOSOM:** AUFNEHMEN VON FREMDSTOFFEN UND DIESE VERDAUEN

- **ZENTRIOLEN:** Bedeutung haben Zentriolen bei Transport- und Stützaufgaben. So sind sie (zusammen mit der perizentriolaren Matrix) an der Bildung des MTOC (Mikrotubuli-organizing Centers) beteiligt, das während der Mitose sowie Meiose den Spindelapparat zur Trennung der Chromosomen bildet, aber auch während der Interphase zur Organisation und physikalischen Stabilisierung der Zelle beiträgt

- **Polysomen:** aus einem Molekül Messenger-RNA (mRNA) u. mehreren Ribosomen bestehendes Translationssystem aller Zellen. Größe (Länge, Anzahl der Ribosomen) des P. wird durch die Molmasse der mRNA bestimmt, wodurch wiederum die Molmasse des zu synthetisierenden Proteins festgelegt ist. An jedem Ribosom in einem P. wird jeweils ein Protein synthetisiert. Proteinbiosynthese

- **Kernmembran:** Sie stabilisieren den Zellkern, dienen als Fixierung für die Chromatinfäden und werden während der Mitose ab- und wieder aufgebaut

2.8 Welche Aufgaben hat die Biomembran?

- Das Zytoplasma im Inneren einer Zelle wird durch eine Biomembran nach außen abgegrenzt. Diese nennt man Zellmembran, *Plasmamembran*, *Plasmalemma* oder *Membrana cellularis*. Innerhalb der Zelle sorgen Biomembranen für eine *Kompartimentierung* der Zelle: Die meisten Zellen enthalten Reaktions- und Speicherräume (Kompartimente),wie zum Beispiel die Zellorganellen und Vakuolen mit sehr unterschiedlichen chemischen Eigenschaften, die durch Biomembranen voneinander abgegrenzt sind.

2.9 Unterscheidungsmerkmale pro- und eukaryontischer Zellen?

- siehe Oben

2.10 Besonderheiten der wichtigsten Zellbestandteile und Organellen?

- **Zellwand** ist so beschaffen, dass sie der Zelle und damit dem gesamten Pflanzenkörper eine mehr oder weniger feste Form gibt. Sie ist durchlässig für Wasser, gelöste Nährstoffe und Gase. Sie besteht hauptsächlich aus Zellulose. Bei Zellen mit dicken Zellwänden, durch die dennoch Stoffe transportiert werden, gibt es in den Zellwänden Tüpfel. Das sind Öffnungen in der Zellwand, durch die benachbarte Zellen - nur durch eine dünne Membran getrennt - untereinander in Kontakt stehen und durch die der Austausch von Stoffen erleichtert wird.
- **Chloroplasten** enthält ein komplexes System zur Nutzung der Lichtenergie für die Photosynthese, das unter anderem Chlorophyll (ein grüner Farbstoff) enthält. Dabei wird die Energie von Licht eingefangen (absorbiert), in chemische Energie in Form von Traubenzucker (Glucose) umgewandelt und in Form von Stärke gespeichert.
- **Vakuolen** sind Räume im Cytoplasma, die mit Zellsaft gefüllt sind. In diesem können Farbstoffe (zum Beispiel Flavone), Giftstoffe (zum Beispiel Coffein), Duftstoffe und anderes enthalten sein.
- **Tonoplast** ist die selektivpermeable Membran, welche die Vakuole gegen das Plasma abgrenzt.

2.11 Wozu brauchen Zellen Membranen?

- Membranen verhindern den unkontrollierten Stoffaustausch mit der Umgebung

3 Grundlage Biochemie

3.1 Enzyme: Zu welcher Stoffkasse gehören sie? Welche Aufgabe haben sie im Stoffwechsel? In welcher Hinsicht arbeiten Enzyme spezifisch?

- **Enzyme sind Proteine**, sie sind *Biokatalysatoren*, die chemische Reaktionen vermitteln uns steuern, Enzyme werden durch Reaktionen, die sie katalysieren, nicht verbraucht, Enzyme beschleunigen die Einstellungen des Gleichgewichts einer chemischen Reaktion (Senkung der Aktivierungsenergie)

- Sie haben eine *Substratspezifität* in Bezug auf spezielle Moleküle, Molekülteile (chemische Gruppen Gruppenspezifität), und deren sterische Anordnung und eine Wirkungsspezifität in Bezug auf bestimmte chemische Reaktionen

- Richtung der Reaktion: keine Spezifität (idR sind beide Richtungen möglich)

- **Bindungsspezifität-** gleiche Bindungsart in verschiedenen Substraten (Esterasen spaten Esterbindungen)

- **Gruppenspezifität-** Bindungsart und ein Molekülteil (gewisse Maltasen spalten α-glykosidische Bindungen restliche Moleküle undefiniert)

- **Substratspezifität-** Bindungsart und Molekül (Gerstenmalz-Maltase spaltet α-glykosidische Bindung der Maltose (beide definiert)

- **Artspezifität-** hier ist die Spezifität soweit gesteigert, dass nur Substrate bestimmter Herkunft (z.B. Tierart) adaptiert werden

3.2 Was sind Coenzyme?

- **Coenzyme im engeren Sinne**: Organische oder metallorganische Komplexe, die als prosthetische Gruppe idR fest an den Träger gebunden ist und bleibt. Beispiel: Häm, einige Vitamine

- **Cofaktoren**: Metallionen bilden einen Metall-Substrat-Komplex, der das eigentliche Enzymsubstrat ist, oder sind integraler Bestandteil des aktiven Zentrums Beispiel: Zink in der alkalischen Phosphatase, Mn-Isocitrat-Komplex

- **Coenzyme im Sinne von Cosubstraten**: Organische Komplexe, die nur temporär mit dem Enzym und dem Substrat interagieren und verändert werden (daher regeneriert werden müssen) Beispiele: Gruppenüberträger ATP, NAD, FAD, CoA

3.3 Was ist die Aufgabe der Glycolyse und wo läuft diese Reaktionskette ab?

- in der Glycolyse wird Glucose zu Pyruvat abgebaut ist anaerob, hat eine geringe ATP-Bildung, verknüpft Stoffabbau mit Energiegewinnung, generiert NADH (die regeneriert werden müssen), läuft im Cytosol ab, oxidativer Stoffwechsel von Lebewesen

- Tricarbonsäurenzyklus (TCC oder Citratzyklus) findet im Inneren der Mitochondrien statt und ist ausschließlich Stoffabbau, die Verbindung zum Cytosol erfolgt über Shuttel-Systeme

- die wichtigste Eingangssubstrat ist Acytel-CoA hauptsächlich aus der oxidativen Decarboxylierung und Abbauprodukte von Aminosäuren sowie Propionsäure von Pyruvat die wichtigsten Endprodukte sind NADH, FDAH2, GTP und CO2

- die Reduktionsäquivalente können nur durch Kopplung mit oxidativen Phosphorylierung in den Mitochondrien regeneriert werden. Deshalb kann der TCC nur bei strikt aerober Lebensweise ablaufen (obwohl er selber nicht aerob ist)

- der Citratzyklus liefert auch Bausteine für Synthesen z.B. Gluconeogenese, Synthese von Aminosäuren

- Atmungskette findet auch in den Mitochondrien statt, dient der Energiegewinnung (sehr hohe ATP-Ausbeute), übersetzt einen elektrischen Gradienten (H+) in ATP, verbessert die Effizienz der Glykolyse

- Erzeugung von Stoffwechselenergie durch schrittweise Oxidation von Nährstoffen die in mehreren Kompartimenten der Zellen stattfindet (Cytosol, Mitochondrien)

- die umgesetzten Elektronen werden in den Reduktionsäquivalenten NAD+ und FAD ge-speichert und transportiert

- oxidative Phosphorylierung ist das Herzstück der aeroben Lebensweise, nur hier geht der Organismus unmittelbar mit dem Gefahrstoff O2 um, und zwar unter strikt kontrol-lierten Bedingungen im Inneren der Mitochondrien

- die Oxidation der Reduktionsäquivalente und die ATP-Bildung sind zwei getrennte Pro-zesse, die über den Protonengradienten an der inneren Mitochondrienmembran gekop-pelt ist

- die ATP- Ausbeute steht der Zelle nicht im vollem Umfang zur Verfügung, da die Ein-schleusung/Ausschleusung von Brennstoffen aus dem Cytosol ATP verbraucht

- 38 (34) ATP Atmungskette pro Glukose, 2 ATP Glycolyse, 2 GTP im Citratzyklus, Gärung 1-4 ATP pro Glukose

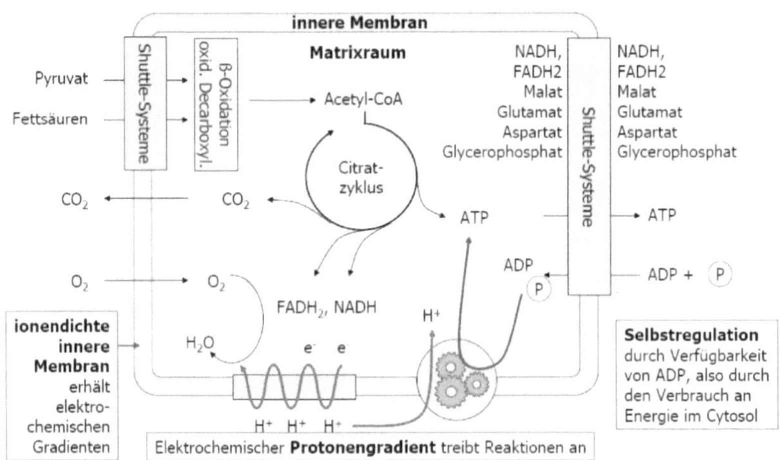

Bild 1: Zeigt den Citratzyklus (Quelle Vorlesungsskript Prof. Dr. Koch 2013)

3.6 Was versteht man unter Photosynthese?

- die gesamte freie Energie in Biologischen Systemen letztlich aus Sonnenenergie, fixiert durch den Prozess der Photosynthese, Photosynthese nennt man den Prozess der Saccharidbildung in den grünen Pflanzen

- Bei der Photosynthese nehmen die Pflanzen Kohlenstoffdioxid und Wasser auf und bilden mithilfe von Lichtenergie und Chlorophyll in den Chloroplasten, - Saccharide (Glucose). Sie geben dabei Sauerstoff ab, der bei durch Photolyse aus dem aufgenommenen Wasser entsteht. Bei diesem Vorgang wird aus den energieärmeren Verbindungen Kohlenstoff und Wasser eine energiereichere Verbindung, die Glucose aufgebaut.

- Die Pflanze ist also in der Lage, Lichtenergie in chemische Energie umzuwandeln. Dieses ist der einzige bekannte Prozess, bei dem aus anorganischen Verbindungen und Lichtenergie organische, energiereiche Verbindungen aufgebaut werden können. Alle Lebewesen, die nicht selber zur Photosynthese fähig sind, sind mittelbar oder unmittelbar auf die in den Pflanzen gebildeten organischen Nährstoffe als Energiequelle angewiesen

- die Photosynthese setzt sich aus einem *lichtabhängigen (photochemischen) Reaktionskomplex (Lichtreaktion)* und einer Folge von *temperaturabhängigen, enzymatischen Reaktionen (Dunkelreaktion)* zusammen

3.7 Was geschieht bei der Dunkelreaktion, was bei der Lichtreaktion?

- **Lichtreaktion (Primärvorgang):** in der Sonnenlicht absorbiert wird, was zu einer Ladungstrennung im *Reaktionszentrum* führt, welche zur Reduktion von NADP+ und – durch Aufbau eines Protonengradienten – zur Synthese von ATP genutzt wird, und eine. In den Chloroplasten wird die Lichtenergie durch das Chlorophyll absorbiert. Durch die eingefangene Lichtenergie werden Chlorophyllmoleküle angeregt Elektronen abzugeben, die über Elektronentransportkette weiter gegeben und zum Aufbau des Stoffes NADPH genutzt werden. dabei wird Energie frei, die durch die Bildung von ATP chemisch gebunden eine energiereiche Verbindung. Die in Chlorophyll fehlenden Elektronen werden durch die Spaltung von Wasser in Elektronen, Protonen und Sauerstoff ersetzt. (Photolyse). Der Wasserstoff wird von dem Coenzym $NADP^+$ übernommen, es entsteht die energiereiche Verbindung $NADPH+H^+$. Der Sauerstoff entweicht in die Atmosphäre

- **Dunkelreaktion (Sekundärvorgang):** in der mit ATP und NADPH im Calvin-Zyklus CO2 zu Kohlenhydraten (Hexosen) reduziert wird. **$NADPH+H^+$** und **ATP** dienen dazu, das anorganische Kohlenstoffdioxid zur energiereichen organischen Verbindung zu reduzieren. Es entsteht **Glucose**. In der Dunkelreaktion werden NADPH+H und ATP dazu verwendet, um aus den aufgenommenen anorganischen Kohlendioxid (CO2)über mehrere Zwischenschritte energiereiche organische Glucose aufzubauen bzw. zu reduzieren.

- Bei hoher Lichtintensität ist die Photosyntheserate über einen weiten Bereich der CO2-Konzentration proportional. Der niedrige natürliche CO2-Gehalt der Luft wirkt begrenzend auf die Photosynthese. Praktische Anwendung: Begasung von Gewächshauskulturen mit CO2 zur Ertragssteigerung

- Lichtkompensationspunkt K: Lichtintensität, bei der die Photosynthese gerade so viel Kohlenstoffdioxid verbraucht, wie bei der gleichzeitig ablaufenden Atmung entsteht. Schattenpflanzen haben bereits bei niedrigeren Lichtintensitäten eine positive Stoffbilanz

- Im Gegensatz zu einer Enzymreaktion ist eine photochemische Reaktion (Lichtreaktion) weitgehend temperaturunabhängig. Optimum der meisten Pflanzen bei 20 - 30°C.

4 Getreide

4.1 Welche Getreidearten werden unter Brotgetreide verstanden?

- Weizen, Roggen, Dinkel, u. Triticale

4.2 Nennen Sie jeweils 6 Produkte, die aus Weizen, Roggen, Gerste, Hafer, Mais, Reis, Hirse hergestellt werden

- **Weizen:** Flocken, Wodka, Biokraftstoff, Nudeln, Keimöl, Brot
- **Roggen:** Korn, Roggenwisky, Wodka, Biokraftstoff, Futtermittel, Brot
- **Gerste:** Flocken, Malz, Graupen, Grütze, Malzkaffe, Gerstenmehl
- **Hafer:** Flocken, Grütze, Futtermittel, Hafermehl, Keime, Kleie
- **Mais:** Cornflakes, Popcorn, Zuckermais, Maiskeimöl, Biokraftstoff, Polenta,
- **Reis:** Sake, Reiswein, Puffreis, Nudeln, Reispapier, Parboiled Reis
- **Hirse:** Brei, Fladenbrot, Teffbrot, Bier, Flocken, Futtermittel

4.3   Welche Getreide sind bei Glutenunverträglichkeit für die Ernährung geeignet?

- im Gegensatz zu Brotgetreide besitzen Pseudogetreide kein Klebereiweiß (Gluten), Buchweizen, Amarant, Quinoa

4.4   Was ist der Makronährstoff, der in Getreide und Pseudogetreide am meisten enthalten ist?

- Kohlenhydrate

4.5   Was ist die limitierende Aminosäure des Weizens?

- 1.Lysin (2.Threonin, 3.Methionin, 4.tryptophan)

4.6   Was ist Mutterkorn?

- Fruchtkörper aus Schimmelpilzen, aus dem Mutterkorn synthetisierte Albert Hofman LSD, Mutterkorn schädigt das Zentralenervensystem, Schimmelpilzvergiftung (Mykotoxikose)

4.7   Welche Weizenarten gehören zur Emmerreihe, welche zur Dinkelreihe?

- **Emmerreihe (tetraploide Arten):** Wildemmer, Emmer, Hartweizen, Rauweizen (Kamut)
- **Dinkelreihe:** Dinkel, Weichweizen

4.8   Was sagt die Typenbezeichnung bei Weizen aus (Beispiel: Type 550)?

- Type 405 – bevorzugtes Haushaltsmehl, gute Backeigenschaften und hohem Bindevermögen (max. 0,50 Mineralstoffgehalt)
- Type 550 – backstark für feinporige, lockere Teige und als Vielzweckmehl verwendbar, helle Brotsorten, Brötchen, Kleingebäck mit viel goldbrauner Kruste (max. 0,63)
- Type 812 – für alle hellen Mischbrote (min. 0,64 max. 0,90)
- Type 1050 – für Mischbrote oder herzhafte Backwaren im Haushalt (min. 0,91 max. 1,20)
- Type 1600 – für dunkle Mischbrote (min. 1,21 max. 1,80)
- Weizenbackschrot 1700 – ohne Keimling (max. 2,10)

4.9   Was ist Triticale?

- ist ein Getreide, eine Kreuzung aus Weizen als weiblichem und Roggen als männlichen Partner, der Name ist aus TRITICUM und SECALE zusammengesetzt. Bei der Kreuzung entsteht eine Hybride. Die Kreuzungsnachkommen sind hochgradig steril. Triticale wurden gezüchtet um die Anspruchslosigkeit des Roggens mit der Qualität des Weizens zu verbinden

- enthält von allen Getreidearten höchsten Mineralstoffgehalt, hohe Eisengehalt vergleichbar mit vielen Fleischsorten, hochwertigste Getreideart in Europa

4.11   Welche Pseudogetreide kennen Sie?

- wichtigsten Gattungen sind Quinoa, Amaranth, Buchweizen

4.12   Was macht Pseudogetreide im Vergleich zu Getreide besonders wertvoll für die Ernährung?

- sie sind sehr stärke und mineralstoffreich und ein wichtiger Grund zu Brotgetreide, sie besitzen kein Klebereiweiß (Gluten)
- Amaranth und Quinoa haben im Vergleich zu Weizen einen sehr hohen Proteingehalt, besonders an der essentiellen Aminosäure Lysin
- Amaranth und Quinoa hat im Vergleich zu Weizen sehr hohe Calcium-, Magnesium- ,Kalium, Eisenwerte

4.13   Welche antinutritiven Substanzen sind in Getreide und Pseudogetreide enthalten?

- Saponine, Oxalsäure, Phytin, Phytinsäure, Fagopyrin, Lectin, Pentosane, Arabinooxalsäure

5   Kartoffeln

5.1   Welche Angaben sind beim Handel mit Speisekartoffeln zu machen?

- Handelsklassen sind außer Kraft gesetzt, Kennzeichnung erfolgt nach gesetzlichem Minimum (freiwillig), der Hinweis „nach der Ernte behandelt ist eine gesetzliche Pflichtkennzeichnung, Einteilung erfolgt nach Kochtypen: festkochend, vorwiegend festkochend, mehlig kochend, stark mehlig kochend

5.2   Wie sollten Kartoffeln gelagert werden?

- trocken, gute belüftet, Kühl (wegen Keimung), Dunkel (wegen Keimung, hemmt Solanin Bildung), nicht in größeren Schutthöhen, Druck begünstigen, nicht neben Obst lagern (wegen Ethylen Absonderung)

5.3   Welche antinutritiven Inhaltsstoffe kennen Sie bei Kartoffeln? Können die
       se durch Zubereitungsarten zerstört werden?

- Solanin und Chaconin, sind hitzestabil können nicht durch Kochen/ Braten zerstört werden. Sie sind jedoch wasserlöslich so das eine Extraktion ins Kochwasser erfolgt, durch
  Schälen da Solaningehalt in der Schale am höchsten

5.4   Wann und wo in der Kartoffel finden sich die höchsten Solanin Konzentra-
       tionen? Wodurch kann der Solaningehalt minimiert werden?

- bei unreifen (grünen) Kartoffeln und bei der Auskeimung ist der Solaningehalt am höchsten, der wesentliche Teil ist in der Schale und Rinde zu finden, besonders hoch ist der
  Solaningehalt in den Keimen und Augen. Die Konzentration nimmt von außen nach innen
  deutlich ab
- minimiert werden kann der Solaningehalt durch richtige Lagerung und durch vor-
  schriftsmäßige Verarbeitung (Schälen, Ergrünte, beschädigte, ausgekeimte Knollen sind
  auszusortieren)

5.5   Nennen Sie mindestens 6 Produkte, die aus Kartoffeln hergestellt werden

- Pommes frites, Herzogenkartoffeln, Kartoffelpuffer, Kartoffel- Chips, Kartoffelpüree, Kar-
  toffelmehl

5.6   Welche antinutritiven Inhaltsstoffe kennen Sie bei Cassava? Können diese
       durch Zubereitungsarten zerstört werden?

- Cassava enthält einen hohen Linamaringehalt (Blausäure), einem giftigen, bitteren
  cyanogenem Glykosid. Muss auf jeden Fall erhitzt werden um die Giftigkeit zu beseitigen
  (Blausäure austreiben) und das Kochwasser sollte nicht wieder verwendet werden

5.7   Welche antinutritiven Inhaltsstoffe kennen Sie bei Süßkartoffel? Können
       diese durch Zubereitungsarten zerstört werden?

- ein hoher Acrylamidgehalt (bis zu 260 g), es greift zum einen direkt die DANN an und
  zum anderen wird es von Leberenzymen in Glycidamid umgesetzt, diesem Stoff wird eine
  genotoxische Wirkung zugeschrieben. Entsteht durch Trockene Hitze und hohe Temperaturen (Chips, Pommes), während in gekochten und gedämpften kein Acrylamid gefunden
  wurde

5.8   Welche antinutritiven Inhaltsstoffe kennen Sie bei Yam? Können diese
       durch Zubereitungsarten zerstört werden?

- die Knollen enthalten Alkaloide und Sapogenine, in einigen Yamarten ist eines der giftigen Alkaloide Dioscorin enthalten

- zum Rohverzehr nicht geeignet enthält Oxalatkristalle die in Form von Nadeln gespeichert werden, können in Mund- und Rachenschleimhaut eindringen(Muskelkrämpfe, Schädigungen im Rachen- und Mundraum, Nierensteine), lange Kochen und Kochwasser mind. einmal wechseln, da beim Kochen das unerwünschte Calciumoxalat zerstört wird

6   Zucker

6.1   Aus welchen Pflanzen wird Zucker gewonnen?

- zucker liefernde Pflanzen sind: Zuckerrohr, Zuckerhirse, Zuckerahorn, Zuckerpalme, Honigpalme und Zuckerrübe (zuckerreichste Pflanze in Europa)

6.2   Was versteht man unter Kampagne?

- Anbau und Ernte werden auch als Kampagne bezeichnet. Die Zeit der Zuckerrübenernte nennt man Kampagne sie beginnt Mitte September und dauert je nach Witterung und Erntemenge bis Ende Dezember. Die Ernte erfolgt im ersten Jahr da der Zuckergehalt am höchsten ist

6.3   Was ist Raffinade?

- nach Verdampfung und Kristallisation wird der Kristallbrei, nach dem Abkühlen, Zentrifugiert und getrocknet. Es entsteht weißer Zucker. Wenn **weißer Zucker *gelöst und erneut kristallisiert*** wird spricht von ***Raffinade***

6.4   Wodurch ist brauner Zucker braun?

- brauner Zucker ist ein Spezialzucker, der aus braunem Kandissirup gewonnen wird. Durch erhitzen verändert der helle Zuckersirup seine Farbe, seine Karamell- und Bräunungsstoffe verstärken das Aroma und verbessern die Bräunung, Struktur von Backwaren

6.5   Was ist Dicksaft, Dünnsaft?

- das Rohprodukt die Zuckerrübe durchläuft einige Produktionsschritte: ***von der Reinigung und Schnitzelproduktion***, dann ***Gewinnung des Rohsaftes*** aus den Schnitzeln in Extraktionstürmen (graue bis schwarze Farbe), nun erfolgt die ***Reinigung des Saftes*** wo nicht-Zuckerstoffe durch Kalkmilch und Kohlensäure gebunden und ausgefällt werden, übrig bleibt eine klare, hellgelbe Flüssigkeit ***der Dünnsaft***, als nächstes erfolgt die ***Verdampfung und Kristallisation*** wo in Verdampfungsstationen dem Dünnsaft solange Wasser entzogen wird, bis er als dickflüssiger Sirup ***(Dicksaft)*** einen Zuckergehalt von 65-70% hat

6.6   Was ist Kandiszucker?

- wird in verschiedenen Größen aus reinen Zuckerlösungen durch langsames Auskristalli-
  sieren gewonnen, heller Kandis aus hellem Zuckersirup

6.7   Was ist der Unterschied zwischen Rohr- und Rübenzucker?

- **Zuckerrübe:** gehört zu den Fuchsschwanzgewächsen, wachst bei gemäßigtem Klima,
  braucht nährstoffreiche-, tiefgründige Böden verwendet wird Rübenkörber der Unterir-
  disch wachst, **Rohrzucker:** Temperaturen bei 25-30°C subtropisches und tropisches Klima, hoher Wasserbedarf, gehört zu Familie der Süßgräser, Zucker aus Rohr

6.8   Woraus wird Ahornsirup gewonnen?

- Ahornsirup wird gewonnen aus den Bäumen Zucker-Ahorn und Schwarzer-Ahorn. Ab
  einem Alter von 40 Jahren eigenen sich die Stämme zum Anzapfen. durch Anbohren des
  Stammes kann ein Teil des Pflanzensaftes entnommen werden, ohne dem Baum bedeu-
  tenden Schaden zuzufügen

- der gesammelte Pflanzensaft wird traditionell durch Kochen (Karamelisation) über einem
  holzfeuer eingedickt, bis der Sirup einen Zuckergehalt von 60% hat

7   Fette und Öle

7.1   Aus welchen Pflanzen werden Öle und Fette gewonnen, aus welchen Pflanz-
enteilen?

- **Fruchtfleischfette:** Palmenöl, Olivenöl, Avocadoöl
- **Samenfette**: Sojabohne, Rapssaat, Baumwollsaat, Sonnenblumensaat, Erdnuss, Palmen-
  kern, Kokosnuss, Maiskeime, Weizenkeime
- **Spezialitäten:** Distel, Haselnuss, Kakaobohne, Kürbiskerne, Leinsaat, Mandeln,
  Mohnsaat, Sesamsaat, Traubenkerne, Walnuss

7.2   Nennen Sie 6 wichtige ölliefernde Pflanzen

- Sonnenblumen, Raps, Olivenbäume, Sojapflanze, Palmen, Erdnuss
- ➤ **Welches sind die Hauptfettsäuren der pflanzlichen Öle und Fette?**
- Laurinsäure (12:0), Palmitinsäure (16:0), Stearinsäure (18:0), Ölsäure (18:1), Linolsäure
  (18:2), Linolensäure (18:3)

7.3   Womit werden die Fettstoffe aus den Pflanzenteilen extrahiert?

- mit Lösungsmitteln wie z.B. Hexan, die Lösungsmittel selber werden durch Destillation
  wieder vollständig aus dem Öl entfernt

- Zweck dieses Prozesses ist es, unerwünschte Begleitstoffe zu entfernen und somit Öle und Fette zu reinigen (Pestizide, Schwermetalle, Afloxine (Schimmelpilze), Pflanzenfarbstoffe, Metalle (Ranzigkeit))

- es werden zwei Verfahren mit vier Prozessschritten unterschieden: chemische und physikalische Raffination
- Entschleimen (entfernen von Schleimstoffen), Entsäuern (entfernen freier Fettsäuren), Bleichen (unerwünschte Farbstoffe entfernen), Dämpfen (unerwünschte Geruchs- und Geschmackstoffe entfernen)

- Die Modifikation bietet die Möglichkeit, Fette und Öle in ihren Eigenschaften innerhalb weiter Grenzen zu verändern, und so den vielfältigsten Anwendungszwecken in ausreichender Menge zur Verfügung zu stellen.

- **Winterisierung:** (Vermeidung von Trübstoffen, bleibt im Kühlschrank klar), **Fraktionierung:** (trennen des Rohstoffes in Produkte unterschiedlicher Schmelzbereiche, **Umesterung:** (Fettsäuren wechseln die Plätze in den Fettmolekülen (neu geordnet zusammengesetzt) für festere Konsistenz, flüssige Öle, Fette mit exakt definierter Konsistenz, Schmelzbereich), **Härtung:** (chemische Hydrierung- aus ungesättigten Fettsäuren entstehen durch Anlagerung von Wasserstoffen gesättigte Fettsäuren. Ziel ist Erhöhung der Konsistenz flüssiger und halbfester Öle (Anheben des Schmelzpunktes, Schutz vor schnellen Verderb)

- **Native Speiseöle:** Ölgewinnung ohne Wärmzufuhr durch filtrieren, waschen oder zentrifugieren. Außerdem enthalten sie keine Zutaten
- **Kaltgepresst:** werden Öle kaltgepresst hergestellt, so dürfen sie sich bei der Herstellung nicht über 30°C erhitzen, wodurch viele Vitamine und Fettsäuren in ihrer bioaktiven Form erhalten bleiben und direkt vom Organismus verwendet (resorbiert) werden können
- **Keimöl:** Getreidekeimöle werden aus Getreidekeimen durch Extrahieren mit Hilfe von Lösungsmitteln oder durch Pressen hergestellt. Zu ihnen gehören z.B. Maiskeimöl, Weizenkeimöl, Roggenkeimöl und Reisöl. Mais- und Weizenkeimöle haben einen besonders hohen Gehalt an essentiellen Fettsäuren und Vitamin E (Tocopherol).

8 Leguminosen

8.1 Wieso können Hülsenfrüchte meist nicht roh verzehrt werden?

- in der Familie der Leguminosen wird eine vergleichsweise hohe Anzahl verschiedener antinutritiver Inhaltsstoffe gebildet, so dass der Verzehr roher Samen in aller Regel gesundheitsschädlich ist

8.2 Was sind die bedeutenden Makronährstoffe der Leguminosen?

- Proteine (Albumine, Globuline, Glutine) und Kohlenhydrate

8.3 Was sind die limitierenden Aminosäuren der Hülsenfrüchte?

- schwefelhaltigen Aminosäuren

8.4 Womit sollte man Hülsenfrüchte kombinieren, damit das Eiweiß aufgewertet wird?

- mit Getreide, da in den Getreideproteinen das Lysin die Wertigkeit limitiert und Cystein, Methionin in ausreichender Menge vorhanden sind, wird bei gleichzeitigem Verzehr von Getreide und Leguminosen die Proteinwertigkeit beider Komponenten wesentlich verbessert

8.5 Was sind die Blähstoffe in den Hülsenfrüchten?

- ein wesentliches Merkmal der Leguminosen ist ihr vergleichsweise hoher Gehalt an Oligosacchariden, insbesondere Saccharose, Stachyose und Verbascose, Raffinose, Pentosen und Hexane verursachen beim Verzehr von Hülsenfrüchten die bekannten Flatulenzen

8.6 Welche antinutritiven Inhaltsstoffe kommen in Leguminosen vor?

- Tannine (herabgesetzte Proteinverdaulichkeit), Lectine (Blutschädigend), Proteaseinhibitoren (Wachstumsdepression), Vicin/ Convicin (Störung des Fettstoffwechsels), α-Galactoside , **Glucoside-Linamarin (Blausäure)** (Vergiftungserscheinungen), Lupinin, **Lupanin** (Atemlähmung, Leberschädigend), Hydroxylupanin, Angustifolin, bei Erdnüssen- Afloxin (Stoffwechselprodukt des Aspergillus)

8.7 Welche Leguminosen haben wegen ihrer Inhaltsstoffe eine Sonderstellung innerhalb der Hülsenfrüchte?

- **Sojabohne** da ihr Eiweiß als vollwertig bezeichnet werden kann (kommt mit 39% an essentiellen Aminosäuren dem Hühnerei am nächsten), hoher Gehalt an Linolsäure, Ölsäure, Protein der Sojabohne unterscheidet sich von den anderen dadurch dass es nur aus Albuminen und Globulinen besteht, hoher Anteil an Öl

- **Erdnuss** hat hohen Vitamin B, Eisen Gehalt, enthält eine gute Zusammensetzung der Aminosäuren (essentiellen Aminosäuren), hoher Anteil an Öl, Lecithin Gewinnung aus Sojabohnen, Tocopherolgehalt (Vitamin E)

8.8 Welche Leguminosen werden zur Ölgewinnung verwendet?

- Erdnuss, Sojabohne, Goabohne- Samenöl

8.9 Nennen Sie mindestens 6 Hülsenfrüchte

- Zuckererbse, Gartenbohne, Linse, Erdnuss, Sojabohne, Mungobohne

8.10 Aus welcher Hülsenfrucht werden „Sojabohnensprossen" gewonnen?

- Sojabohne

9 Gemüse

9.1 Welche Kohlenhydrate sind in Gemüse enthalten? Was ist Inulin?

- mehr Stärke als löslicher Zucker (Kartoffeln), Glucose, Fructose, Saccharose, Zellwandbestandteile sind Pektine, Cellulose, Hemicellulose
- bei Compositen (Korbblütler) anstelle von Stärke das aus Fructose aufgebaute Polysaccharide **Inulin**

9.2 Welche Inhaltsstoffe machen Gemüse für die Ernährung besonders wichtig?

- Vitamine, Mineralstoffe, bioaktive Inhaltsstoffe (z.B. Ballaststoffe)

9.3 Welche unerwünschten / toxischen Inhaltsstoffe sind in einigen (in welchen?) Gemüsen enthalten?

- Solanin in Kartoffeln und Tomatin grünen Tomaten; Oxalsäure in Spinat, Sellerie, Rote Rüben; Cyanogene (Glucoseoxidasen) in geringen Konzentrationen z.B. Cassawa-Wurzel, Süßkartoffel, Zuckerhirse, Limabohne; Nitrat (wichtig für Pflanzenwachstum) in geringen Mengen für Menschen Gesundheitsgefährdend

9.4 Was ist für den Anbau von Industriegemüse charakteristisch?

- Industriegemüse wird nach **Handelsklassen A und B** sortiert und bezahlt, die Richtlinien für Qualitätsnormen sind: Güteeigenschaften, **Größensortierung, Toleranzen und Weigerungsrecht**

- *Mindesteigenschaften* müssen aber auch hier erfüllt sein: gesund, frisch, nicht welk, sortenrein, frei von fremden Geruch und Geschmack, sauber und ohne sichtbaren Rückstande von Behandlungsmitteln
- *besondere Anforderungen:* für einzelnen Gemüse, wie einen sehr eng definierten Reifezustand (zucker-, Säuregehalt, Farbe, Feststoffgehalt)

9.5 Wovon hängt die Atmungsintensität eines eingelagerten Gemüses ab?

- Temperatur, Sauerstoffgehalt in der Luft, CO_2 Gehalt im Lager, Schichtung des Gemüses (Atmung ist der wichtigste physiologische Prozess während der Lagerung da sie Energie (in Form von ATP) für innere Stoffwechselprozesse bereitstellen, Energie als Atmungswärme freisetzt)
- Ausgangssubstanz für die Atmung sind vorwiegend gespeicherte Kohlenhydrate

9.6 Was versteht man unter Klimakterium?

- Bei Pflanzen stellt das Klimakterium einen Prozess dar, der durch den zwei- bis dreifachen Anstieg der Atmung (Sauerstoff-Aufnahme und Kohlenstoffdioxid-Abgabe) eingeleitet wird. In Früchten erfolgen biochemische Veränderungen, wie z. B. der Abbau von Zellwandpektinen sowie die Hydrolyse von Stärke. Dies hat eine alterungseinleitende Wirkung auf die Frucht. Dabei wirkt das gasförmige Phytohormon Ethen autokatalysierend. Es wird also Ethen aufgenommen, dadurch wird die eigene zellinterne Ethensynthese angeregt. Anschließend wird das Gas abgegeben und kann wieder stimulierend auf andere Früchte wirken
- Klimakterisch: nach der Ethylenapplikation durch typische Atmungszunahme, als Klimakterium gekennzeichnet z.B. Trauben, Äpfel, Tomaten, Bananen
- Nichtklimakterische: keine Zunahme von Ethylen bei der Reife z.B. Trauben, Kirschen, Erdbeeren

9.7 Was ist Ethylen, wie und wo entsteht es, welche Funktion hat es und wie wirkt es im Gemüselager, wie im Obstlager?

- Ethylen (Stresshormon) entsteht aus der Aminosäure Methionin und wird über mehrere Zwischenschritte zu Co2- Ethylen und HCN. Stimulierung der Ethylensynthese durch Ethylen und Hemmwirkung durch hohe Co2 und reduzierte O2 Konzentrationen (CO2/O2)
- es erfolgen biochemische Veränderungen, wie z. B. der Abbau von Zellwandpektinen sowie die Hydrolyse von Stärke. Dies hat eine alterungseinleitende Wirkung auf die Frucht, das Gas wird abgegeben und kann wieder stimulierend auf andere Früchte wirken
- höchste Produktion in alternden Geweben, reifenden Früchten, Blattabfall, Alterung von Blüten und Auslöser sind: Verwundung, Temperatur-, Wasserstress, Krankheiten, Frost

9.8   Wie ist die Lagerfähigkeit von Gemüse in Abhängigkeit von der Temperatur (3 Typen), Kurvenverlauf?

- Je höher die Temperatur, desto schneller verläuft die Atmung. Je kälter es ist, desto länger lassen sich Gemüse lagern. Steigt die Temperatur an so sinkt die Lagerfähigkeit rapide ab. Wurzeln und Knollen sind länger lagerfähig als Kohlgemüse

9.9   Durch welche Maßnahmen kann die Haltbarkeit eines Gemüses im Lager verlängert werden?

- Entnahme des CO_2 aus der Luft durch Kalk oder über Aktivkohlefilter, geregelte zielgerichtete Sauerstoffzuführ, kühle Lagerung reduziert O_2 und CO_2 Werte bzw. die Atmungsintensität und der Stoffwechsel werden verlangsamt,

9.10   Welche was versteht man unter Kälteschaden?

- wenn die Temperatur zu niedrig ist, können Zellen beschädigt werden

9.11   Erklären Sie Atmung und Gärung und ihre Wirkungen in Obst oder Gemüse

- Als „Energiequelle" für alle Stoffwechselvorgänge wird Energie benötigt. Diese wird über die Atmung gewonnen. Das Ergebnis sind: Abbau der „Knackigkeit" von z.B. Äpfeln durch Verstoffwechselung der Polysaccharide (Abbau zu Monosaccheriden und dann Abbau in der Atmungskette) = „Weichwerden" des Apfels; Abgabe von Wasser (Dehydratation des Apfels = Schrumpeligkeit). Bei einem Feuchtigkeitsverlust von 4 % wird das Produkt fühlbar „schlaff". Je höher die Temperatur, desto schneller verläuft die Atmung
- Atmung ist der oxidative Abbau organischer, energiereicher Verbindungen zu anorganischen Energiearmen Endprodukten
- Die Gärung ist ein Stoffwechselprozess, bei dem unter Sauerstoffausschluss Kohlenhydrate zum Energiegewinn abgebaut werden durch Hefen die sich in der Luft befinden = Spontangärung. Bei Obst und Gemüse führen

9.12   Welche Prozesse laufen während des Reifeprozesses ab?

- die Reifung ist ein typisches Entwicklungsstadium bei Fruchtgemüsearten, die determinierte Samenträger sind, die Reifung beendet den Abschnitt der vollen Organausbildung (Wachstumsabschnitt) und leitet über – unter erheblichen stofflichen Veränderungen – zur Seneszenz (Alterung)
- zwei Ablaufformen der Reifung sind zu unterscheiden:
- Zielform: trockene Früchte (Bohnen, Erbsen) erfahren ***aufbauende Prozesse*** – Zucker-Dextrine-Stärke, Aminosäuren-Proteine
- Zielform: saftige und weiche Früchte (Tomaten, Paprika...) erfahren ***abbauende, hydrolytische Prozesse*** Potopektine-Pektine-Disaccharide-Monosaccharide, Veränderung im Säure- und Zuckergehalt, Geschmacks- und Aromabildung, Chlorophylle werden abgebaut andere Farbstoffe werden sichtbar (Lycopin, Carotin, Xanthophyll)

9.13 Was versteht man unter Transpiration und welche Effekte verursacht sie in Gemüse?

- Durch die Transpiration (regelt Wasserhaushalt) entstehen Druckunterschiede zwischen einzelnen Pflanzenteilen (z.B. Laub, Knolle) und innerhalb dieser Pflanzenteile. Da nur ein begrenzter Wasservorrat im Produkt vorhanden ist, wird das vorhandene Wasser so lange umverteilt, bis sich ein Gleichgewichtszustand zwischen dem Produkt und seiner Umgebung einstellt. Die Intensität des Wassertransportes ist dabei sowohl von typischen Produkteigenschaften als auch von der Temperatur und der relativen Feuchteder umgebenden Luft sowie von den jeweiligen Umströmungsbedingungen abhängig. Ist der Wasserhaushalt im Gemüse sehr hoch, desto eher tritt die Fäulnis ein.

- Die Hauptursachen für den Schwund oder Gewichtsverlust von Obst und Gemüse während der Lagerung sind zum einen durch CO_2-Produktion und zum anderen durch Transpiration zu finden. Transpiration macht ca. 90 % des Schwundes aus. Im Allgemeinen ist der Anteil des Schwundes, der durch Transpiration verloren geht, wesentlich höher als der Anteil, der durch Atmung entsteht

9.14 Welche Faktoren während der Wachstumsphase haben direkte Auswirkung auf die Lagerfähigkeit (verlängernd, verkürzend)?

- die Atmung, der Reifeprozess, das Austreiben zweijähriger Arten, die Alterung, die Transpiration, Verlängernd der Lagerfähigkeit durch lange Wachstumsphase, Verkürzend der Lagerfähigkeit durch Verletzungen, kurze Wachstumsphase, hoher Wassergehalt

9.15 Welche Lagerverfahren kennen Sie und mit welchen können die längsten Lagerdauern erreicht werden?

- alles Obst der Großverteiler stammt aus so genannten CA-Lagern (controlled athmosphere). Bei der dynamischen CA-Lagerung werden die flüchtigen Stoffe kontinuierlich erfasst, welche die reifenden Früchte ausscheiden, sodass die Lagerbedingungen maßgeschneidert gesteuert werden können. Auf diese Weise aufbewahrte Äpfel enthalten noch nach fünf Monaten praktisch gleichviel Vitamin C wie bei der Ernte; im Kühllager entgegen nur noch 30 Prozent

9.15.1 CA-Lager oder ULO-Lager:

- im CA-Lager oder ULO-Lager (ultra low oxygen) veratmen Äpfel den Sauerstoff der Luft. Es entsteht CO2 welches mit Kalk oder über einen Aktivkohlefilter entzogen wird. Die Kühlzeile muss dazu absolut luftdicht sein

- die Atmosphäre wird jeden Tag mit speziellen Messgeräten kontrolliert, damit die Werte eingehalten werden (02 Gehalt 1,3-1,8%; CO2 G3ehalt 1,8-2,2%)

- sinkt der Sauerstoffgehalt für einige Tage unter 1%, so fangen die Äpfel an zu gären und sind verdorben

- durch Kühlung und reduzierten O2 und CO2 Werten wird die Atmungsintensität und der Stoffwechsel verlangsamt und so können manche Sorten bis in den August gelagert werden

10 Obst

10.1 Welche Faktoren sind bei Obst ausschlaggebend für eine Lagerfähigkeit in einem ULO-Lager?

- Im CA-Lager **(Controlled Atmosphäre)** oder ULO-Lager **(ultra low oxygen)** veratmen Äpfel den Sauerstoff der Luft. Es entsteht CO_2, welches mit Kalk oder über einen Aktivkohlefilter entzogen wird. Die Kühlzelle muss dazu absolut luftdicht sein
- Die Atmosphäre wird jeden Tag mit speziellen Messgeräten kontrolliert, damit die Werte eingehalten werden: **O2Gehalt 1,3 - 1,8%; CO2 Gehalt 1,8 - 2,2%.**
- Sinkt der Sauerstoffgehalt für einige Tage unter 1%, so fangen die Äpfel an zu gären und sind verdorben.

10.2 Was sind die Hauptbestandteile in der Trockensubstanz von Obst?

- Kohlenhydrate sind bei Obst Hauptbestandteil in der Trockensubstanz

10.3 Wie entsteht Ethylen in Obst, wieso sollte die Ethylenproduktion unter drückt werden und wieso sollte Ethylen aus der Lagerluft ausgewaschen werden?

- Ethylen (Stresshormon) entsteht aus der Aminosäure Methionin und wird über mehrere Zwischenschritte zu Co2- Ethylen und HCN. Stimulierung der Ethylensynthese durch Ethylen und Hemmwirkung durch hohe Co2 und reduzierte O2 Konzentrationen (CO2/O2)
- es erfolgen biochemische Veränderungen, wie z. B. der Abbau von Zellwandpektinen sowie die Hydrolyse von Stärke. Dies hat eine alterungseinleitende Wirkung auf die Frucht, das Gas wird abgegeben und kann wieder stimulierend auf andere Früchte wirken
- höchste Produktion in alternden Geweben, reifenden Früchten, Blattabfall, Alterung von Blüten und Auslöser sind: Verwundung, Temperatur-, Wasserstress, Krankheiten, Frost

10.4 Welche Funktion hat Pektin in der Pflanzenzelle und wo sind Pektinstoffe zu finden?

- Die Pektine sind in den <u>Mittellamellen</u> und primären <u>Zellwänden</u> enthalten und übernehmen dort eine festigende und wasserregulierende Funktion

10.5 Beschreiben Sie die Entwicklungs- und Reifestadien eines Apfels bis zum Verderb

- die Zeitliche Entwicklung der Fruchtreife (Wachstum) eines Apfels, lässt sich unterteilen in Unreife, Vorreife (beginn im Verlauf des maximalen Gebrauchswerts), Pflück- oder Baumreife (Abschluss des natürlichen Wachstums, beginn Klimakterium), Genussreife (Erreichen des optimalen Genusswerts), Überreife (Beginn des Überwiegens von Abbauvorgängen)

- Grundsätzliche Vorgänge die dabei Ablaufen sind: Farbwechsel, Abbau von Stärke oder Oligosacchariden (z.B. Saccharose) zu Monosacchariden, Abbau von organischen Säuren (Ausnahme: Zitrone), Synthese von Aromastoffen, Synthese von Wachsüberzügen, Veränderung und Abbau der Texturogene. Bei manchen Früchten: Abbau der Mittellamellen, Klimakterium (vorübergehender starker Anstieg der Atmung, Auslösung durch Ethylen)

- **Unreif** ist ein Apfel, solange er den Prozess des Nachreifens noch nicht eigenständig, also fern vom Baum, vollziehen kann.
- **Pflückreif für die Langzeitlagerung** ist ein Apfel, sobald er diesen Prozess des Nachreifens baumfern selbst vollziehen kann. Er ist stabil und lagerfähig, konnte aber noch nicht viele Aroma- und Inhaltsstoffe ausbilden.
- **Pflückreif für den Versand** ist ein Apfel mit festem Fruchtfleisch, der innerhalb der nächsten Wochen zum Endverbraucher geht.
- **Pflückreif für die Direktvermarktung** sind Äpfel mit viel Geschmack und vielen Inhalts- und Aromastoffen, die nur noch einen kurzen Weg zum Kunden haben.
- **Baumreif** verfügt der Apfel über die optimale Inhaltsstoff-Zusammensetzung, ist aber druckempfindlich und nicht mehr lange lagerfähig.
- **Genussreif** sind Äpfel, wenn sie auch ihr volles Aroma ausgebildet haben, bei Lagersorten oft Wochen nach der Baumreife.
- **Notreif** werden Früchte aufgrund von Schädlingsbefall oder ungünstigen Umwelteinflüssen.
- **Überreif** sind glanzlose, schrumpelige, überlagerte, fad schmeckende Früchte.

10.6 Wann ist der optimale Erntezeitpunkt für eine Langzeitlagerung von Kernobst gegeben?

- Ausgewachsen, eine bestimmte Festigkeit, Umfärbung, Ethylenbildung vor- oder am Beginn des Anstiegs, Stärke weitgehend abgebaut, Fruchtatmung am Minimum, Kompromiss aus noch akzeptablem Haltbarkeitsverlauf und noch nicht optimaler Genussfähigkeit
- Pflückreif für die Langzeitlagerung ist ein Apfel, sobald er diesen Prozess des Nachreifens baumfern selbst vollziehen kann. Er ist stabil und lagerfähig, konnte aber noch nicht viele Aroma- und Inhaltsstoffe ausbilden
- Geerntet werden dürfen nur physiologisch reife Früchte. Das bedeutet, dass die Entwicklung, also das Wachstum und die Einlagerung von Inhaltsstoffen ganz abgeschlossen sein müssen. Dieser Zeitpunkt ist im Wesentlichen davon abhängig, ob es sich um **klimakterisches (nachreifendes) oder nichtklimakterisches (nicht nachreifendes)** Obst handelt. Nichtklimakterisches Obst wird zur Vollreife bzw. zur Genußreife oder zumindest aber nur kurze Zeit davor geerntet. Der Erntezeitpunkt für nachreifendes Obst kann für die Lagerung zur so genannten Pflückreife geerntet werden. Während der Lagerung entwickeln sich diese Früchte bis zur Genußreife.

10.7 Welche Lagerbedingungen brauchen tropische Früchte generell?

- Luftdichte, isolierte Lagerräume, Temperaturen um die 10-15C°, (bei Grün geernteten Banane genutzt. Grünen Bananen werden zur schnelleren Reifung in so genannte Reifekammern mit einer gering erhöhten Ethylenkonzentration und Lagertemperatur gelagert), mit O2 Gehalt von 1,3 - 1,8%; und CO2 ein Gehalt von 1,8 - 2,2%

- Fruchtsaft 100% Fruchtgehalt, Fruchtnektar 50-25%, Fruchtsaftgetränk mit und ohne CO2 min 6-30%, Fruchtschorle mit und ohne CO2 min. 50%

11 Honig

11.1   Was versteht man unter Honigtauhonig, was unter Blütenhonig?

- **Honigtau:** Honig der vollständig oder überwiegend aus auf lebenden Pflanzenteilen befindlichen Exkreten von an Pflanzen saugenden Insekten oder aus Sekreten lebender Pflanzenteil stammt (z.B. Tannenhonig von der weiß Tanne)
- **Blütenhonig (Nektarhonig):** vollständig oder überwiegend aus dem Nektar von Pflanzen stammender Honig

11.2   Was versteht man unter Sortenhonig?

- liegt der Anteil einer Pollenart über 45% so stellt diese Art den Leitpollen dar, d.h. der Honig darf den Namen des Spenders als Sortenhonig annehmen

11.3   Was ist die Voraussetzung für die Kennzeichnung als Sortenhonig?

- siehe oben

11.4   Woraus gewinnen die Bienen den Tannenhonig?

- Tannenhonig ist ein sehr erstaunliches Produkt: (Weiß-)Tannen scheiden eine süße Flüssigkeit aus (z. B. an den Nadelspitzen), die von Blattläusen gerne aufgesogen wird. Die Blattläuse wiederum sondern dann eine süße Flüssigkeit aus, die von den Bienen gesammelt wird.

11.5   Was sind die Hauptinhaltsstoffe von Honig?

- Enzyme, Vitamine, Mineralstoffe, Säuren, Aminosäuren, Hormone, Inhibine, Aromastoffe, Kohlenhydrate, Wasser

11.6   Welche Kohlenhydrate sind in großer Menge in Honig enthalten?

- *Fructose* und *Glucosegehalt*: Blütenhonig 60g/100g, Honigtauhonig 45g/100g
- *Saccharosegehalt:* Allgemein 5g/100g, Honig von Robinie, Luzerne, Süßklee, roter Eukalyptus 10g/100g, Lavendel 15g/100g

11.7   Was ist HMF?

- Hydroxymethylfurfuralgehalt (HMF) bestimmt nach Behandlung und Mischung: Allgemein 40mg/kg, aus tropischen Klima 80mg/kg. *Eine geringe Menge an HMF im Honig ist ein Indikator für dessen Frische und Naturbelassenheit. Ein hoher HMF-Wert weist auf länger anhaltende Erwärmung oder Lagerung hin.* Wenn Honig erhitzt wird, bildet sich aus Fruchtzucker HMF. Der HMF-Gehalt in frisch geschleudertem Honig ist sehr gering und steigt bei korrekter Lagerung, je nach pH-Wert und Lagertemperatur um ca. 2–3 mg/kg pro Jahr an. Lagerung bei Zimmertemperatur (21 °C) kann den HMF-Gehalt in einem Jahr bereits auf 20 mg/kg erhöhen

11.8   Was sind Voraussetzungen für den Ablauf der Maillard-Reaktion (nichten zymatische Bräunung) in Honig?

- Es reagieren miteinander Aminosäuren und so genannte reduzierende Zucker in Anwesenheit von (idealerweise) 12 bis 18 % Wasser. Beispiel für reduzierende Zucker sind Traubenzucker (Glucose), Milchzucker (Galaktose) sowie Malzzucker (Maltose). Über mehrere Zwischenstufen entstehen chemische Verbindungen mit angenehmem Aroma und typischen dunklen Farben

- Der Begriff Maillard-Reaktion ist eine Sammelbezeichnung für eine Klasse von chemischen Reaktionen beim Garen, die nach einem gemeinsamen Schema ablaufen

- Verluste an essentiellen Aminosäuren auch Entstehung von Fehlaromen, Entstehung von mutagenen Stoffen (Acrylamid)

11.9   Unter welchen Bedingungen ist Honig schädlich oder nicht bekömmlich?

- Als Säugling (bis zu einem Jahr) ist der Verzehr von Honig zu unterlassen, bei zu starker Erhitzung, KristallisationsfehlerPhasentrennung

11.10 Welche unerwünschten Substanzklassen können in Honig enthalten sein?

- toxische Inhaltsstoffe wie, Grayanotoxin (aus Rhododendron), Tutin (aus der Tuta-Pflanze) oder Atropin (aus Stechäpfeln) können enthalten sein

11.11 Wie soll Honig gelagert werden?

- trocken, dunkel, Gas- und Wasserdicht, kühl

11.12 Was ist Gelée Royale?

- ist der Futtersaft mit dem die Honigbienen ihre Königin aufziehen

- Mit diesem Gemisch aus den Sekreten der Futtersaftdrüse und der Oberkieferdrüse der Arbeiterinnen werden die Bienenlarven während der ersten drei Larvenstadien gefüttert. Die Königinnenlarve wird bis zum Zeitpunkt der Verdeckelung ihrer Zelle mit diesem Weiselfuttersaft gefüttert. Wird genommen bei Entwicklungsstörungen im Kindesalter, gegen Alterserscheinigungen

12 Milch und Milchprodukte

12.1 Wodurch wird die Fettzusammensetzung des Milchfetts bestimmt?

- **SAFA** (Gesättigte Fettsäuren) 62,9%; **MUFA** (Einfach ungesättigte Fs) 32,1%; **PUFA** (Mehrfach ungesättigte Fs) 2,2%; davon Linolensäure 2,5%; Cholesterin 12,0%
- Konjugierte Linolensäure (CLA)- Doppelbindungen liegen in konjugierter statt in isolierter Form vor, wobei sich jede Doppelbindung in cis oder Trans Konfiguration befinden kann
- Biosynthese von Milchfett erfolgt durch die Veresterung von Glycerin mit 3 Fettsäuren zu Triglyceriden (Neutralfett) ; bei kurz- und mittelkettigen die Milchdrüse aus Acetyl-CoA; langkettige, gesättigte aus Blut bzw. Depotfett oder Futter; langkettigen ungesättigten die Milchdrüse aus gesättigten desaturiert oder aus dem Depotfett stammend

12.2 Welche grundsätzlich unterschiedlichen Herstellverfahren für Käse gibt es?

- frische oder gereifte Erzeugnisse, die aus dickgelegter Milch hergestellt werden. Die Dicklegung erfolgt mit: Milchsäurebakterien (sauermilchkäse); Milchsäurebakterien und wenig Lab (Frischkäse); mit Lab und wenig Milchsäurebakterien (Weichkäse, halbfester Schnittkäse) oder mit Lab (Hartkäse)

12.3 Benennen Sie die wesentlichen Fraktionen des Milcheiweißes und ihre Eigenschaften.

- (Wiederkäuer)enthalten sind Kuhmilchproteine (Reineiweiß); Casein 76-86% und Molkenproteine 14-24%
- in der Humanmilch dagegen liegt der Anteil der Caseinfraktion bei 20-30% und der Molkenproteine bei 70-80%

12.4 Welche beiden Eiweißgruppen kommen in Milch vor und wie unterscheiden sie sich in Bezug auf die Herstellung von Molkereiprodukten?

- **Casein ($\alpha\beta\gamma k$)** gerinnt nicht beim erhitzen, gerinnt beim säuern, gerinnt bei Labfermentation (Lab ist ein Enzym, das Casein spaltet)
- **Molkenproteine** (α −Lactalbumin; β-Lactoglobulin; Immunoglobuline; SerumAlbumine, Lactoferin) gerinnt beim Erhitzen, gerinnt beim säuern nicht

12.5 Kann bei Kuhmilchunverträglichkeit auf Schafs- oder Ziegenmilch umgestellt werden?

- Kuhmilch-Intoleranz wird definiert als vorübergehende Unverträglichkeit gegenüber allen einzelnen Kuhmilchproteinen. Sie tritt bei der Einführung von Kuhmilch in die Ernährung von Säuglingen auf. Eine Studie hat gezeigt das andere Milcharten keine Alternative zur Kuhmilch ist

12.6 Was versteht man unter Vorzugsmilch, Trinkmilch, Rohmilch, Frischmilch, H-Milch, Kondensmilch, Sterilmilch, ESL-Milch?

Bezug auf den Verkauf von Trinkmilch:

- **Vorzugsmilch (Rohmilch):** die unter strengen Kontrollen abgefüllt vom Hof in den Handel kommt und innerhalb von 96 Stunden nach der Gewinnung verkauft sein muss. Vorzugsmilchhöfe unterliegen einer besonderen amtstierärztlichen Überwachung und behördlichen Zulassung. Wird Vorzugsmilch an öffentliche Einrichtungen abgegeben muss sie unbedingt abgekocht werden

- **Rohmilch:** Von landwirtschaftlichen Betrieben mit entsprechender Genehmigung abgegebene Milch, die weder molkereimäßig erhitzt noch bearbeitet ist und einen Fettgehalt von mind. 3% hat. Diese Milch darf innerhalb von 24 Stunden nach der Gewinnung als ''Ab-Hof-Milch'' lose abgegeben werden mit dem Hinweis ,''Rohmilch, vor Verzehr abkochen''

- nach Erhitzungsverfahren und Haltbarmachung

- **Frischmilch:** Pasteurisierte Milch (Frischmilch) wird bis zu 30 Sekunden lang bei 72°C bis 75°C kurzzeiterhitzt, hält sich gekühlt bei +8°C ca. 5-6 Tage

- **H-Milch:** Ultrahocherhitzte Milch/ Haltbare Milch (H-Milch) mind. 1-4 Sek. auf 135°C erhitzt, ist ungeöffnet 3-6 Monate bei Zimmertemperatur haltbar

- **Kondensmilch:** wird für 10–25 Minuten auf 85–100 °C erhitzt und anschließend bei Unterdruck und 40–80 °C eingedickt, wobei rund 60 % des Wassers entzogen werden. Danach hat sie einen Fettgehalt von 4–10 % und eine fettfreie <u>Trockenmasse</u> von etwa 23 %. Nach der <u>Homogenisierung</u> wird sie abgefüllt und noch einmal sterilisiert

- **Sterilisieren:** Sterilisierte **Milch/ Sterilmilch** mind. 3 Minuten auf 121°C in der Flasche erhitzt, hält sich ungeöffnet bis zu einem Jahr

12.7 Nennen Sie mindestens 6 fermentierte Molkereiprodukte

- Sauermilch, Dickmilch, Joghurt, Sauerrahm, Buttermilch, Kefir

12.8 Was versteht man unter Frischkäse, Molkeneiweißkäse, Sauermilchkäse? Geben Sie Beispiele

- **die Unterschiede liegen in der Verarbeitung:**

- **Frischkäse:** ist der Sammelbegriff für Käsesorten ohne Reifung wie z.B. *Speisequark, Schichtkäse, Rahm- und Doppelrahmkäse und körniger Frischkäse*

- **Molkeneiweiß:** Molkeneiweißkäse (mit etwas Restcasein und mehr oder weniger Fett eingeschlossen) wird hitzegefällt, abgeseiht oder zentrifugiert, Ultrafiltration aufkonzentriert. Diese Erzeugnisse sind Frischkäse-ähnlich, die Bezeichnung regional und traditionell *Schotten, Ricotta, Mascarpone, Ziger*

- **Sauermilchkäse:** Sauermilchkäsesorten werden fast ausschließlich in der Mager-Fettstufe produziert. Die Herstellverfahren der Sauermilchkäsesorten unterscheiden sich vorwiegend in der Oberflächenbehandlung, aller kräftig gesalzenen z.T. gewürzt, *Harzer Käse, Mainzer Käse, Handkäse*

- **Kochkäse** Bezeichnung darf verwendet werden (statt Schmelzkäse), wenn zur Herstellung nur Sauermilchquark oder Labquark, auch unter Zusatz von Schnittkäse (ohne Rinde oder Haut) bis zu acht Gewichtshundertstel, bezogen auf das Fertigerzeugnis und an anderen Milcherzeugnissen nur Sahne (Rahm), Butter oder Butterschmalz verwendet wurde

12.10 Was ist Hartkäse, Schnittkäse, Weichkäse?

Hartkäse

- 60-62% Trockenmasse, Reifezeit mind. zwei bis drei Monate je nach Sorte, sind Monatelang haltbar, Emmentaler, Cheddar, Appenzeller

Halbfester Schnittkäse

- 44-55% Trockenmasse, Reifezeit drei bis fünf Wochen z.B. Butterkäse, Edelpilzkäse

Weichkäse

- 38-52% Trockenmasse reifen von außen nach innen, Oberfläche mit weißem Kulturschimmel z.B. Camembert, Brie, Limburger

Schmelzkäse

- 22-42% Trockenmasse aus natürlichem Käse unter Erwärmung und Zugabe von Schmelzsalzen (Zitronen- und Phosphorsäure) zubereitet, streich- und schnittfähig

13 Eier

13.1 Wie werden Eier gekennzeichnet?

- **Erzeugercode:** *1. Ziffer Code* für das Haltungssystem, *2.Ziffer Code* des Registrierungsmitglieds-staates (Herkunft), *3.Ziffer* Identifizierung des Betriebes

- auf der **Verpackung** sind folgende Angaben vorgeschrieben: Güte- und Gewichtsklasse, Anzahl der verschiedenen Größen in Kleinpackungen und Nettogewicht, Mindesthaltbarkeitsdatum, Nach Kauf kühl lagern, Name- Anschrift-Kennnummer der Packstelle, Art der Lagerhaltung

- Einteilung nach **Gewichtsklassen**: XL- sehr groß (73g und drüber); L- groß (63 bis 73 g); M- mittel (53 bis unter 63 g); S- klein (unter 53 g)

- **Güterklassen:** im Handel ist nur die Güteklasse A oder „frisch" von Bedeutung : Schale> sauber und unverletzt; Luftkammer> nicht höher als 6mm; Eiklar klar, durchsichtig, gallertartig, frei von fremden Einlagerungen, Dotter> beim Durchleuchten nur schattenhaft, ohne deutlichen Umrisse sichtbar, Keim> nicht sichtbar entwickelt, Geruch> frei von Fremdgeruch

13.2 Wodurch ist das Ei vor Bakterien geschützt?

<u>Abwehrstrategie der Schalenbestandteile:</u>

- **Kutikula** (mit bloßem Auge fast unsichtbares Häutchen, das das Ei-Innere vor Austrocknung und vor Infektion schützt) ist wasserabweisend und verschließt einen großen Teil der Poren in der Kalkschale, Kalkschale geringe Abwehr

- **Schalenmembran** ist wirksame Barriere durch zwei Blätter. Das dichte Fasergeflecht ist für Keime kaum durchdringbar. Überfordert wird Abwehr durch hohe Keimzahl und warme Umgebung

<u>Abwehrstrategie des Eiklar:</u>

- bakterizide Wirkung durch Gehalt an Conalbumin, Lysozym, Ovomukoid, Avidin

- Zusätzlich pH-Wert im alkalischen Bereich (frisch gelegt 7,6-7,9 – Tage später 9,6)

13.3 Was ist der Unterschied zwischen Eigelb und Eiklar?

- **Eigelb:** viel höherer Fettgehalt, höherer Eiweißgehalt, enthält 1% Vitamine, Ph-wert Anstieg auf etwa 6,8

- **Eiklar:** hoher Wassergehalt, nur Spuren von Fette, keine Vitamine, Ph-wert Anstieg auf etwa 9,8

13.4 Woran erkennt man die Frische von Eiern?

- alle Methoden zur Beurteilung der Eifrische sagen in erster Linie etwas über die **Lagertemperatur** und erst in zweiter Linie etwas über die **Dauer der Lagerung** aus. Grundsätzlich gibt es drei taug-liche Frischekriterien bei Eiern: **a. Luftkammerhöhe, b. Eiklarbeschaffenheit, c. Dotterbeschaf-fenheit** (frisch- gut gelagert, alt- schlecht gelagert)

- durch Verdunsten des Ei-Inhalts durch die poröse Schale **vergrößert sich die Luftkammer** am stumpfen Pol: je wärmer, je trockener und je länger die Eier gelagert werden, desto rascher wächst die Luftkammer. das Ei lässt sich durchleuchten, frische Eier haben kleine Luftkammer (kaum sichtbar), alte Eier haben große Luftkammert (gut sichtbar)

- im Haushalt lässt man die Eier **ins Wasser tauchen**, frische Eier bleiben waagerecht am Boden oder heben den stumpfen Pol. , weniger frische Eier stehen senkrecht auf der spitze am Boden des Gefäßes oder schwimmen sogar, oder schütteln der Eier

- **Eiklarbeschaffenheit**, je länger und vor allem je wärmer die Eier gelagert wurden, desto mehr verflüssigt sich auch das gallertartige Eiklar, die Eier zerfließen (frische Eier nur wenig dünnflüssig)

- **Dotterbeschaffenheit**, frische Eier Dotter schattenhaft sichtbar und unbeweglich im Zentrum, wärmer und länger gelagerte Eier im Leuchtbild deutlich sichtbar und beweglich im Zentrum

13.5   Was sind Zoonosen? Nennen Sie ein Beispiel

- Zoonosen Krankheiten und Infektionen sind, die auf natürliche Weise zwischen Mensch und anderen Wirbeltieren übertragen werden können: z.B. Das Schwere Akute Respiratorische Syndrom SARS, Borreliose, Geflügelpest und besonders MRSA

13.6   Welche Legehennenhaltungsformen kennen Sie?

- **Freilandhaltung:** bewachsene und 4m^2 große Auslauffläche pro Huhn, Stalleinrichtung muss Bodenhaltung entsprechen, Auslaufflächen, deren Radius um die Auslauffläche größer als 150 m ist, zusätzliche Unterstände gestellt werden

- **Bodenhaltung:** Besatzdichte max. 9 Hennen pro m^2 nutzbarer Fläche, nutzbare Fläche in max. 4 frei zugängliche Ebenen angeordnet, alle Anlagen Mindestausstattung an Futtertrögen, Tränken, Legenestern und Sitzstangen, ein Drittel der Stallbodenfläche muss als Einstreufläche dienen

- **Käfighaltung:** ist in den EU Ländern nicht mehr erlaubt

13.7   Nennen Sie 6 Eiprodukte

- die wichtigsten Eierprodukte sind: Flüssigeiprodukte (Vollei, Eiweiß, Eigelb), Gefrierei (Vollei, Eiweiß, Eigelb), Trockenei (Eipulver aus Vollei, Eiweiß, Eigelb), Eipulver, Eikonzentrat, Eigelee

- Erzeugnisse aus Eiern: Eierstich, Stangenei

14 Geflügel

14.1   Welche Vögel zählen zum Hausgeflügel, welche zum Wildgeflügel (Federwild)?

- **Hausgeflügel:** Haushuhn, Truthahn, Ente, Gans und Taube auch Strauß

- **Wildgeflügel oder Federwild:** Fasan, Rebhuhn, Perlhuhn und Wachtel (Perlhuhn und Wachtel werden zwar gezüchtet, werden aber ihres Geschmackes wegen zum Wildgeflügel gezählt)

- alle genießbaren Geflügelarten gehören, von Taube und Strauß abgesehen, zu den fasanartigen Hühnervögeln oder den Gänsevögeln

14.2 Nennen Sie mindestens 4 Hühnervögel und 2 Entenvögel,
die der menschlichen Ernährung dienen

- **Hühnervogel:** Großfußhühner, Perlhühner, Zahnwachteln, Fasanartige (Haushuhn)
- **Entenvögel:** Pfeifgänse, **Gänse**, Affenenten, Halbgänse, **Enten**

14.3 Was sind Stubenkücken, Hähnchen, Poularden, Suppenhühner, Puten?

- gehören zur Ordnung der Hühnervogel (Haushuhn)
- **Stubenküken** 200-600g nicht älter als ein Monat
- **Hähnchen oder Broiler** 800-3000g sind fünf bis sieben Wochen alt
- **Poularde** sind junge Masthühner, die mit 7-8 Monaten vor ihrer Geschlechtsreife geschlachtet werden
- Suppenhühner sind meist zwölf bis 15 Monate alte Legehennen, sie wiegen zwischen 1000-2000g. Suppenhühner sind besonders aromatisch, müssen aber länger gekocht werden, gebraten ist ihr Fleisch zäh
- Puten/ Truthühner sind eine Unterfamilie der Fasane und gehören auch zu den Hühnervogeln : Baby-Pute Jungtiere von 2000-3000g sind weniger Aromatisch und saftig als ältere Tiere Junge Pute sind etwa acht Wochen alt und haben ein Gewicht von 3000-4000g, Puten sind neun Wochen bis fünf Monate alt, die Weibchen wiegen bis 12kg, Männchen bis 20 kg

14.4 Welche Haltungsformen kennen Sie?

- Käfighaltung, Bodenhaltung, Stallhaltung, Intensivhaltung, bäuerliche Auslaughaltung, bäuerliche Freilandhaltung, extensive Bodenhaltung

14.5 Welche Zoonosenerreger sind insbesondere bei Geflügel von Bedeutung?

- Borreliose, Salmonellose, Geflügelpest, Staphylokokken,

14.6 Welche besonderen Eigenschaften, Inhaltsstoffe machen Geflügelfleisch im Vergleich zu anderem Warmblüterfleisch besonders wertvoll für die menschliche Ernährung?

- im Allgemeinen ist Geflügel ernährungsphysiologisch wertvoller als Fleisch warmblütiger Schlachttiere. Die Eiweißstoffe sind von höherer biologischer Wertigkeit. Das Fett enthält viele ungesättigte Fettsäuren, Geflügelfleisch ist mineralstoff- und vitaminreich
- es zählt zu den preiswerten Lieferanten hochwertiger Eiweißes, zeichnet sich durch einen hohen Genusswert und leichte Bekömmlichkeit aus
- zudem ist Geflügel ein guter Lieferant für Vitamin A und E, auch die Vitamine der B Gruppe sind nennenswert vorhanden